Academia de Física
Instituto IPETH, Campus Ciudad de México

Volumen I
Palancas y la Actividad Terapéutica

Karl M. García Ruiz

Dayana E. Montes de Oca

Este texto está dedicado primeramente a todos mis maestros y alumnos que a lo largo de tantos años me han enseñado mucho más de lo que yo he podido brindarles. Es sin duda el fruto de muchos años de esfuerzo y dedicación, de alegrías y frustraciones, de encuentros y desencuentros, pero siempre con el inmenso placer de estar dentro de un aula.

También dedico este texto con todo mi cariño a mi padre (†) y a mi madre por todo su desinteresado e incondicional apoyo, sin el cual jamás hubiera podido llegar a ser maestro.

Finalmente va con todo mi amor para Alicia: por tu compañía a lo largo de tantos años, siempre con infinita paciencia, siempre con comprensión, siempre con amor.

ÍNDICE

AGRADECIMIENTOS

Agradecemos profundamente a todo el personal del instituto IPETH, Campus Ciudad de México, por su desinteresado apoyo y entera disposición para hacer de este instituto un espacio de libre creación académica.

En especial reconocemos y agradecemos el interés mostrado para la elaboración de este manuscrito por parte de nuestra coordinadora académica, LFT Mayela Henríquez, y de nuestro rector, Lic. Arturo Macip. Gracias por todo.

UNO. INTRODUCCIÓN

En este texto revisamos la teoría básica detrás del concepto de palancas, para posteriormente aplicar dicha teoría a la actividad terapéutica y así poder resolver problemas propios de la fisioterapia. Para una adecuada consecución de nuestros objetivos, es necesario introducir al lector a la terminología e ideas básicas de tan recurrido sistema mecánico. Por ello, esta introducción se centra en la exposición de dichos conceptos y su extrapolación al ámbito de la fisioterapia.

Primeramente definimos a la *Biomecánica*, área de la física importantísima para la fisioterapia, como *la rama de la física y/o medicina que estudia los sistemas de fuerzas que actúan sobre músculos, huesos y articulaciones, a través de las leyes de la mecánica clásica, siendo su principal objetivo el de describir el funcionamiento del aparato locomotor del cuerpo humano.*

Enseguida enlistamos aquellos conceptos básicos para un mejor entendimiento de la palanca y su aplicación a la actividad terapéutica.

Elementos anatómicos del aparato locomotor del cuerpo humano

Esqueleto. Es el elemento estructural básico del cuerpo que se constituye principalmente por huesos y articulaciones. Desde el punto de vista de la biomecánica a los huesos se les considera como las *palancas* y a las articulaciones como las *poleas* del aparato locomotor.

Articulaciones. Forman las uniones entre huesos u órganos esqueléticos cuyo principal objetivo es la reducción de la fuerza de fricción entre huesos, ya que de otra manera resultaría muy difícil y doloroso cualquier intento para moverse.

Músculo. Funcionan como transductores de energía química a energía eléctrica, térmica o mecánica. Los músculos se presentan en distintas formas y para distintos usos, lo que conlleva a diferentes capacidades de respuesta en cuanto a fuerza y velocidad de reacción se refiere. Junto con el esqueleto forman el sistema musculo-esquelético, el cual es el encargado del funcionamiento del aparato locomotor gracias a la llamada *fuerza muscular*.

Elementos mecánicos del aparato locomotor del cuerpo humano

Centro de gravedad. Se define como el punto de aplicación de todos los pesos de todas las masas que constituyan a un objeto dado. El centro de gravedad coincidirá con el centro de masa siempre y cuando el objeto en cuestión esté sujeto a un campo gravitatorio uniforme, esto es a un campo gravitatorio de fuerza y dirección constantes; por otro lado, el centro de gravedad coincidirá con el centro geométrico del cuerpo si la masa del mismo está distribuida de manera homogénea, esto es que la densidad sea constante a todo lo largo del cuerpo. La referencia anatómica en el ser humano para el centro de gravedad se encuentra alrededor de la tercera vértebra lumbar.

Fuerza muscular. Esta fuerza se genera a través de la energía química almacenada en los músculos y es la encargada de controlar el equilibrio y movimiento del cuerpo.

Sistemas de Fuerzas en equilibrio. Cuando un sistema de fuerzas se encuentra en equilibrio el resultado neto es un estado estático o en reposo, esto es un sistema donde la aceleración es igual con $a = 0$. Esta condición debe cumplirse para la dirección del movimiento, como por ejemplo cualquiera de las coordenadas cartesianas x, y, z, o bien en la dirección angular de la rotación. Cuando un sistema mecánico cumple con dicha condición se dice que se encuentra en equilibrio estático.

Matemáticamente esta condición la podemos escribir como,

$$\sum F_i = 0$$

donde el operador Σ y el subíndice i se refieren a la suma de todas las fuerzas que actúan sobre la dirección de interés.

Momento de torsión. Se define como la acción para producir un cambio en el estado de equilibrio rotacional de un cuerpo rígido alrededor de un eje fijo, por medio de una fuerza transversal. Lo anterior significa que para producir un movimiento rotacional alrededor de un punto fijo, es necesaria la acción resultante entre dicha fuerza transversal y la distancia al punto de aplicación. Así, la magnitud del momento de torsión se puede calcular como

$$\tau = Fd \qquad (1)$$

donde F es la fuerza aplicada y d la distancia entre el punto de aplicación de F y el punto de rotación. Cabe señalar que a la magnitud del momento de torsión se le conoce como *torque* (τ); a la fuerza F se le conoce como *potencia* (en nuestro caso se trata de la fuerza muscular generada por el gesto muscular en estudio); a la distancia d se le llama *brazo de palanca*; y al punto de rotación, a partir del cual toda partícula sobre el cuerpo rígido gira a la misma velocidad angular, se le conoce como *fulcro* (*f*).

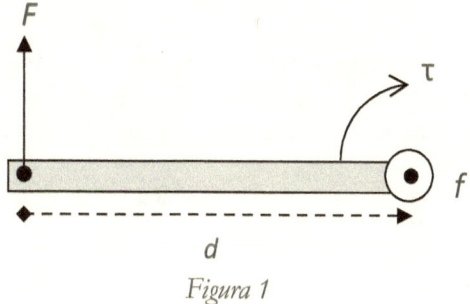
Figura 1

El signo de la rotación se determina de acuerdo a la misma convención utilizada para la medición de ángulos planos, de tal suerte que una rotación en contra de las manecillas del reloj se considera positiva, mientras que una rotación a favor de las manecillas se considera negativa.

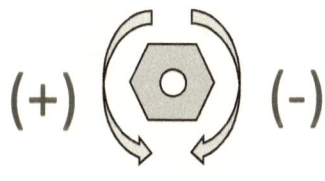

Es importante señalar que la ecuación (1) es válida únicamente para aquellos sistemas que cumplan con la *condición de ortogonalidad*, esto es, cuando la dirección de la fuerza F es perpendicular a la dirección del brazo de palanca. Si este no es el caso, y el ángulo entre la fuerza F y el brazo de palanca es distinto a 90°, entonces es necesario introducir una corrección para únicamente considerar la componente de la fuerza que actúa en dirección ortogonal a la dirección del brazo de palanca, a saber

$$\tau = Fd\ sen\theta$$

donde θ es el ángulo entre F y d, y $sen\theta$ es la componente perpendicular de de F con respecto a d (ver figura siguiente).

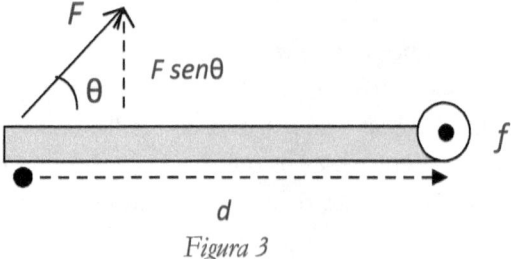

Figura 3

Por otro lado, para que un sistema de fuerzas se encuentre en equilibrio rotacional, debido al torque de la fuerza aplicada (τ_p) y al torque de la fuerza de resistencia (τ_w), es necesario que se cumpla la siguiente igualdad:

$$\tau_p = \tau_w \tag{2.a}$$

o bien que, $\tag{2.b}$

$$F_p d_p = F_w d_w$$

dada la definición de torque, ec. (1). La igualdad anterior no es otra cosa que la condición de equilibrio o de reposo para el caso rotacional, la cual permite calcular todas las fuerzas involucradas en el momento de torsión, sean estas de potencia (a favor del movimiento) o de resistencia (en contra del movimiento). Es importante señalar que a la ecuación (2.a) se le conoce como la *Ley de la palanca*.

DOS. CLASES DE PALANCA

La palanca junto con la polea y el plano inclinado son los dispositivos mecánicos más antiguos que el ser humano ha utilizado para la construcción de herramientas. En el caso particular de la palanca, ésta sirve para amplificar la fuerza y/o la velocidad de un punto, como es el caso de una pinza o una catapulta respectivamente. Para un mejor entendimiento de la palanca es necesario describir sus principales elementos, los cuales a continuación se enlistan.

$F_p \rightarrow$ *Fuerza aplicada o potencia.* Esta fuerza es la responsable de alterar el estado de movimiento del sistema y se aplica a favor de la rotación. En el caso del cuerpo humano ésta es la fuerza muscular.

$F_w \rightarrow$ *Fuerza de resistencia o resistencia.* Es el elemento de carga o peso que se opone al movimiento. Puede ser una carga externa, el propio peso del segmento corporal a mover o una combinación de ambos.

$F_c \rightarrow$ *Fuerza de apoyo o fuerza de contacto.* Es la fuerza que favorece la rotación del cuerpo rígido sobre la traslación del mismo. Siempre se aplica en el punto de rotación o fulcro y su dirección se opone a la de F_p. Su magnitud siempre debe ser igual a la suma $F_p + F_w$.

$f \rightarrow$ *Fulcro o punto de apoyo.* Este punto queda definido por el eje de rotación y sirve de apoyo para la fuerza de contacto. De acuerdo a la configuración entre el fulcro y los puntos de aplicación para las fuerzas F_p y F_w, existen tres distintas clases de palancas.

$d_p \rightarrow$ *Brazo de potencia.* Se define como la distancia entre la fuerza aplicada F_p y el fulcro. También se le conoce como brazo de palanca.

$d_w \rightarrow$ *Brazo de resistencia.* Se define como la distancia entre la fuerza de resistencia F_w y el fulcro.

Clases de palanca

Clase I. En este arreglo el fulcro (*f*) se encuentra entre la fuerza aplicada F_p y la fuerza de resistencia F_w, sin importar el orden entre F_p y F_w ni la dirección de las mismas.

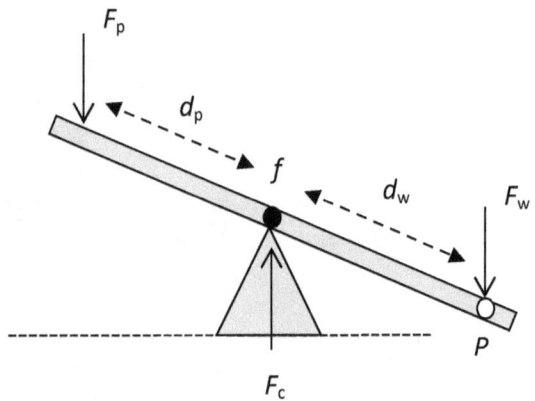

En esta clase se observa que si $d_p > d_w$, entonces:

$$F_p < F_w$$

$$V_p > V_w$$

Por otro lado si $d_p < d_w$, entonces:

$$F_p > F_w$$

$$V_p < V_w$$

Las desigualdades anteriores nos indican que cuando la distancia entre la fuerza aplicada y el fulcro (d_p) es mayor a aquella entre la fuerza de resistencia y el fulcro (d_w), entonces el punto P (donde F_w se aplica) gana fuerza y pierde velocidad; sin embargo cuando esta condición se invierte y d_p es menor que d_w, entonces dicho punto pierde fuerza y gana velocidad.

Ejemplos de esta clase de palancas tenemos a las tijeras, pinzas, martillos, donde el objetivo es ganar fuerza (condición $d_p > d_w$), mientras que la catapulta sirve como ejemplo para ilustrar el caso donde el objetivo es ganar velocidad (condición $d_p < d_w$). En el caso del cuerpo humano el sistema conformado por *tríceps-codo-antebrazo* es un ejemplo de una palanca de esta clase.

Clase II. En este arreglo F_w se encuentra entre F_p y el fulcro, sin importar la dirección de dichas fuerzas.

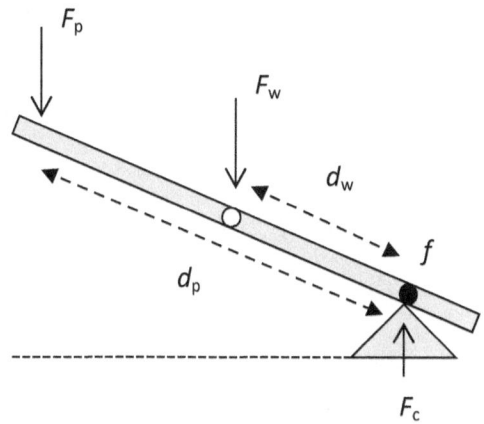

En esta clase sólo se puede cumplir la condición $d_p > d_w$, así

$$F_p < F_w$$

$$V_p > V_w$$

y por consiguiente el punto (○) gana fuerza y pierde velocidad.

La carretilla, el cascanueces, el abrelatas, el destapador son todos ejemplos de esta clase de palancas; mientras que los músculos encargados del sostén del cuello es un tipo de palanca II.

Clase III. En este arreglo F_p se encuentra entre F_w y el fulcro, sin importar la dirección de dichas fuerzas.

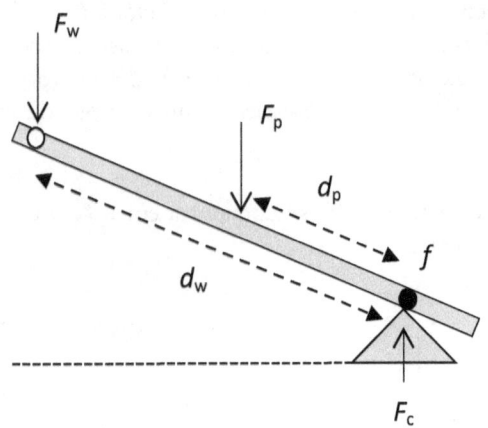

En este caso sólo se puede observar que $d_p < d_w$. Luego entonces

$$F_p > F_w$$

$$V_p < V_w$$

y por consiguiente el punto (○) pierde fuerza y gana velocidad.

Como ejemplos de esta clase de palancas tenemos la caña de pescar, las pinzas para el pan, entre otros. En el cuerpo humano el sistema *bíceps-codo-antebrazo* es un ejemplo de palanca clase III.

TRES. EJEMPLOS RESUELTOS

A continuación se ilustra el manejo de los conceptos y ecuaciones de las secciones anteriores, con una serie de ejemplos resueltos de manera clara y concisa para conveniencia del lector. Los problemas 1 y 3 sirven como referencia para la utilización correcta de dichas ecuaciones, mientras que los problemas restantes (2, 4, 5, 6 y 7) son propios del tema de biomecánica.

➢ Para la resolución de los siguientes ejercicios hemos adoptado la convención ortodoxa de signos para el plano cartesiano: la *dirección positiva horizontal* corresponde hacia la derecha sobre el eje x, mientras que la *dirección negativa horizontal* corresponde hacia la izquierda; de igual modo la *dirección positiva vertical* corresponde hacia arriba sobre el eje y y hacia abajo del eje al caso *negativo*.

➢ Para el caso del momento de torsión se sigue la convención de signos explicada anteriormente en este texto.

➢ Los resultados se expresan redondeados a dos cifras significativas.

➢ Todas las fórmulas requeridas pueden consultarse en el formulario del capítulo *CINCO* de este mismo texto.

1. Mediante dos cables (T_1 y T_2) se pretende colgar una carga con un peso igual a $W = 140$ N (ver figura). Si la máxima tensión de T_1 es igual a 100 N y la de T_2 igual a 120 N, señala si es posible que el arreglo soporte la carga W. Si no es posible indica la diferencia para que esto sea posible.

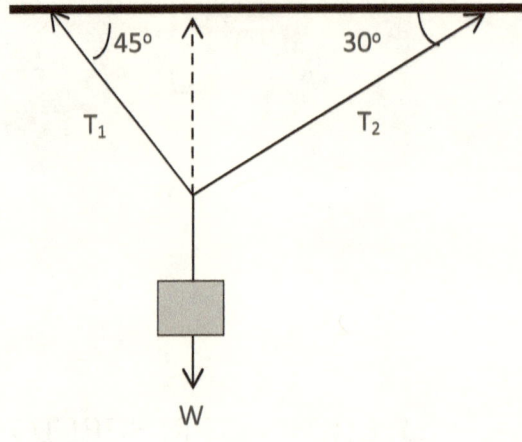

Figura 4

Solución

Sean:

$$T_1 = 100\,\text{N}$$

$$T_2 = 120\,\text{N}$$

$$W = 140\,\text{N}$$

y la condición de equilibrio a cumplir

$$T_{1y} + T_{2y} - W = 0.$$

(Nótese que la única condición de equilibrio a cumplir es en dirección vertical, ya que es en esta dirección donde algún movimiento podría ocurrir.)

La ecuación anterior nos dice que para poder soportar el peso W mediante el arreglo de las tensiones T_1 y T_2, es necesario que la suma de las componentes verticales de ambas tensiones sea por lo menos igual al peso, esto es

$$T_{1y} + T_{2y} = W.$$

Así, calculando las componentes verticales de T_1 y T_2,

$$T_{1y} = 100 \, sin45^0 = 70.71 \, N$$

$$T_{2y} = 120 \, sin30^0 = 60.00 \, N$$

tenemos que:

$$T_{1y} + T_{2y} = 70.71 + 60.00$$

$$= 130.71 \, N$$

de donde concluimos que el arreglo propuesto *no* es capaz de soportar el peso W por una diferencia de

$$140.00 - 130.71 = 9.29 \, N \, .$$

2. Calcula la fuerza de contacto (F_c) sobre la rótula debido a las tensiones T_1 y T_2 ejercidas por el tendón, tal y como se muestra en la siguiente figura. Para ello considera que $T_1 = 120 \, N$ y $T_2 = 135 \, N$.

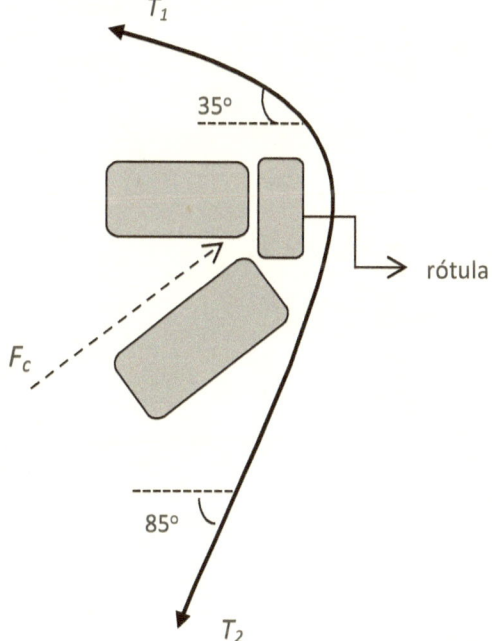

Figura 5

Solución

Sean:

$$T_1 = 120 \text{ N} @ \theta = 35^0$$

$$T_2 = 135 \text{ N} @ \theta = 85^0 .$$

Para resolver este problema es necesario que se cumplan tanto la condición de equilibrio en dirección horizontal (x) como en dirección vertical (y). Por ello, podemos empezar calculando las componentes x y y de ambas tensiones, a saber

$$T_{1x} = 120 \, cos35^0 = 98.30 \text{ N}$$

$$T_{1y} = 120 \, sin35^0 = 68.83 \text{ N}$$

$$T_{2x} = 135 \, cos85^0 = 11.77 \text{ N}$$

$$T_{2y} = 135 \, sin85^0 = 134.49 \text{ N} .$$

Considerando el equilibrio en x:

$$F_{cx} - T_{1x} - T_{2x} = 0 ,$$

de donde se sigue que

$$F_{cx} = T_{1x} + T_{2x}$$

$$= 98.30 + 11.77$$

$$= 110.07 \text{ N} .$$

Considerando el equilibrio en y:

$$F_{cy} + T_{1y} - T_{2y} = 0$$

de donde se sigue que

$$F_{cy} = T_{2y} - T_{1y}$$

$$= 134.49 - 68.83$$

$$= 65.66 \ N \ .$$

Finalmente,

$$F_c = \sqrt{F_{cx}^2 + F_{cy}^2}$$

$$F_c = 128.17 \ N$$

y

$$\theta = tan^{-1}\left(\frac{65.66}{110.07}\right)$$

$$\theta = 30.82^0 \ .$$

3. La siguiente figura representa un trampolín que cuenta con dos soportes de sostén. Si F_A y F_B representan las fuerzas ejercidas por dichos soportes, W_1 el peso del sujeto 1 y W_2 el peso del sujeto 2, calcula los valores necesarios para que las fuerzas F_A y F_B soporten al trampolín. Considera que el peso del trampolín es igual con $W_T = 200$ N, $W_1 = 650$ N y $W_2 = 900$ N.

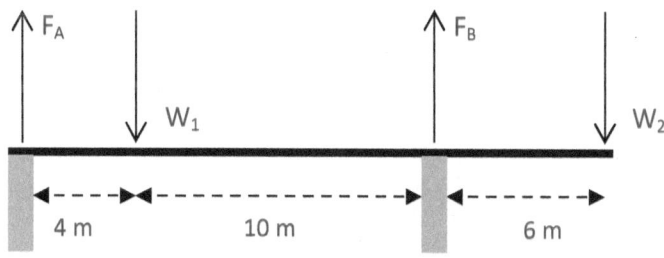

Figura 6

Solución

Sean:

$$W_T = 200 \text{ N @ } 10 \text{ m}$$

$$W_1 = 650 \text{ N @ } 4 \text{ m}$$

$$W_2 = 900 \text{ N @ } 20 \text{ m}.$$

Nótese que para poder localizar el centro de gravedad del trampolín, donde aplicaremos el peso W_T, hemos supuesto que la masa del mismo se distribuye de manera homogénea (ver capítulo *UNO*). Así, dicho centro de gravedad se encuentra justo a la mitad de la longitud del trampolín (donde también se encuentra el centro geométrico del trampolín, ver *figura 7*).

Por otro lado la localización del fulcro sobre el trampolín es arbitraria, sin embargo es conveniente hacer coincidir al fulcro con el mismo punto de aplicación de alguna de nuestras incógnitas, para entonces poder eliminarla de nuestras ecuaciones de equilibrio con el fin de simplificarlas. (En nuestro ejemplo conviene que el fulcro se localice en el punto de aplicación de F_A, o bien de F_B).

La *figura 7* nos muestra la opción en donde el fulcro coincide con el punto de aplicación de la fuerza F_A; además, esta misma elección nos permite aplicar fácilmente la convención de signos para los momentos de torsión involucrados. Así, considerando el equilibrio en *y* tenemos que

$$F_A + F_B - W_1 - W_2 - W_T = 0,$$

de donde se sigue que

$$F_A + F_B = W_1 + W_2 + W_T$$

$$= 650 + 900 + 200$$

$$F_A + F_B = 1750 \text{ N}.$$

Por otro lado, considerando el equilibrio en el torque (τ), con fulcro en F_A, tenemos que

$$F_A x_A + F_B x_B - W_1 x_1 - W_2 x_2 - W_T x_T = 0.$$

Despejando para F_B y sustituyendo,

$$F_B(14) = 650(4) + 900(20) + 200(10)$$

$$F_B = \frac{22600}{14}$$

$$F_B = 1614.28 \, \text{N}.$$

Con el resultado obtenido para la condición de equilibrio en y podemos entonces calcular la fuerza F_A, ya que

$$F_A = 1750 - F_B$$

$$F_A = 135.72 \, \text{N}.$$

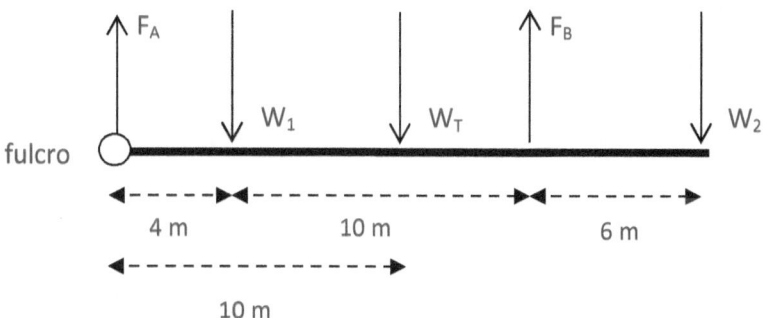

Figura 7

4. Calcula la fuerza de contacto (F_c) y la fuerza muscular (F_M) para el siguiente arreglo *bíceps-codo*. Para ello considera que la masa de la carga es igual con $m = 0.45$ kg y que la del antebrazo es igual con $m_b = 0.26$ kg. ¿Qué clase de palanca es?

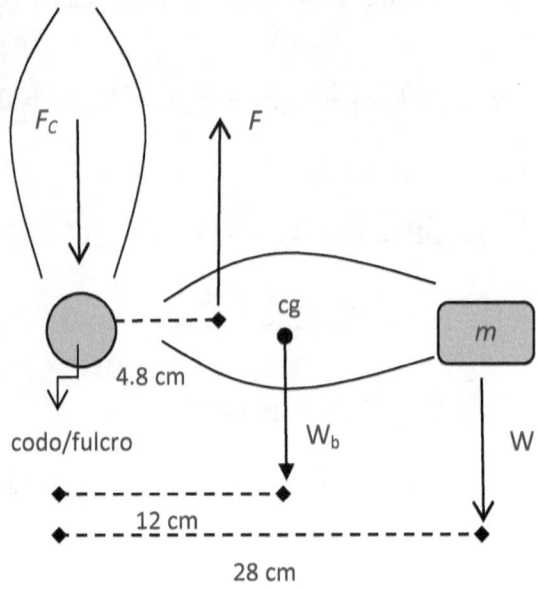

4.8 cm

codo/fulcro

W_b

W

12 cm

28 cm

Figura 8

Solución

Es conveniente empezar la solución de este ejemplo con la representación del mismo como una palanca (ver ejemplo anterior). Para ello hacemos un esquema como el de la *figura 9*, donde fácilmente podemos asignar los signos correspondientes para las fuerzas y torques involucrados.

Considerando el equilibrio en *y*:

$$F_M - F_C - W_B - W_m = 0 ,$$

de donde se sigue que

$$F_M - F_C = W_B + W_M$$

$$= 0.26(9.81) + 0.45(9.81)$$

$$F_M - F_C = 6.96 \, \text{N} .$$

Considerando el equilibrio en el torque (τ), con fulcro en F_C encontramos que:

$$F_M x_M + F_C x_C - W_B x_B - W_m x_m = 0 \,.$$

Despejando para F_M y sustituyendo,

$$F_M(4.8) = 2.55(12) + 4.41(28)$$

$$F_M = \frac{154.08}{4.8}$$

$$F_M = 32.13 \text{ N} \,.$$

Así, con el resultado obtenido para la condición de equilibrio en y podemos calcular la fuerza F_C, ya que

$$F_C = F_M - 6.96$$

$$F_C = 25.17 \text{ N} \,.$$

Palanca tipo III

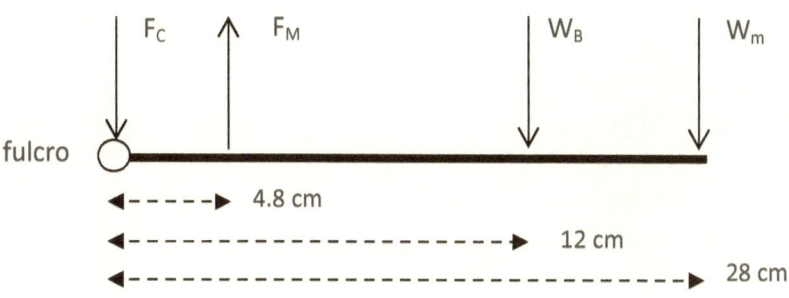

Figura 9

5. Calcula la fuerza de contacto (F_c) y la fuerza muscular (F_M) para el siguiente arreglo *tríceps-codo*. Para ello considera que la masa del antebrazo es igual con $m_b = 0.31$ kg y la de la carga es igual con $m = 0.52$ kg. Además indica de qué tipo de palanca se trata.

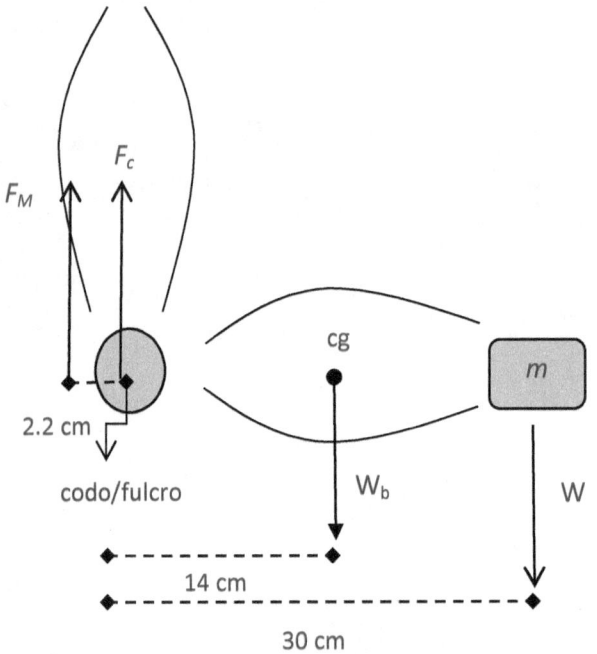

Figura 10

Solución

Este ejemplo lo podemos resolver tal y como procedimos en el ejemplo anterior, para lo cual hacemos uso del esquema de la *figura 11*. Así, considerando el equilibrio en y,

$$F_C - F_M - W_B - W_m = 0 \, ,$$

de donde se sigue que

$$F_C - F_M = W_B + W_M$$

$$= 0.31(9.81) + 0.52(9.81)$$

$$F_C - F_M = 8.14\,\text{N}.$$

Mientras que considerando el equilibrio en el torque (τ), con fulcro en F_C tenemos que

$$F_M x_M + F_C x_C - W_B x_B - W_m x_m = 0.$$

Despejando para F_M y sustituyendo,

$$F_M(2.2) = 3.04(14) + 5.10(30)$$

$$F_M = \frac{195.56}{2.2}$$

$$F_M = 88.89\,\text{N}.$$

Considerando el resultado obtenido para la condición de equilibrio en y podemos calcular la fuerza F_C, ya que

$$F_C = 8.14 + F_M$$

$$F_C = 97.03\,\text{N}.$$

Palanca tipo I

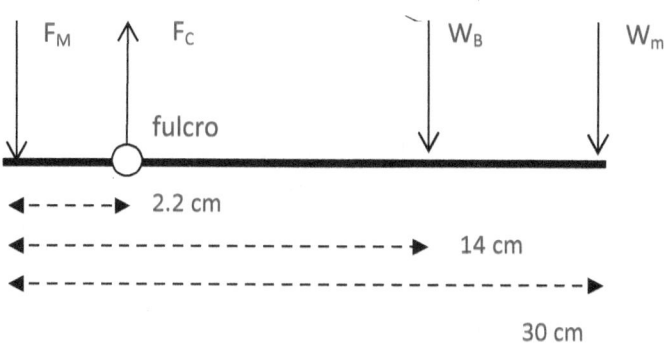

Figura 11

6. Calcula la masa (m) necesaria para mantener la pierna de un paciente elevada como se muestra en la siguiente figura. Considera que la masa de la pierna es de 1.2 kg ¿De qué clase de palanca se trata?

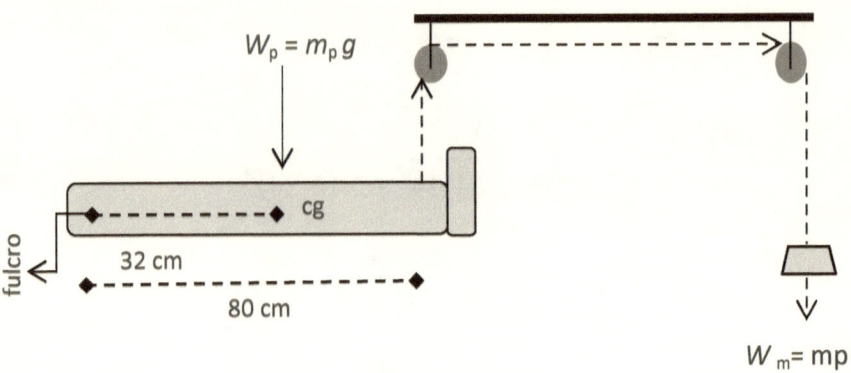

$$W_p = m_p g$$

cg

32 cm

80 cm

fulcro

$$W_m = mp$$

Figura 12

Solución

Para facilitar la comprensión y solución de este problema, también podemos representarlo como una palanca; para ello nos referiremos al esquema de la *figura 13*.

Nótese que en este ejemplo el dato que nos dan es el de la masa de la pierna, por lo que es necesario calcular el peso de la misma, esto es

$$W_p = m_p g$$

$$W_p = 1.2(9.81)$$

$$W_p = 11.77 \, \text{N}.$$

El equilibrio en el torque (τ), con fulcro en la cadera, nos da la siguiente condición a cumplir:

$$W_m x_m - W_p x_p = 0.$$

Así, despejando para W_m y sustituyendo,

$$W_m(80) = 11.77(32)$$

$$W_m = \frac{376.70}{80}$$

$$W_m = 4.\,N\,.$$

Con este resultado podemos entonces calcular la masa m requerida, ya que

$$W_m = mg$$

$$m = \frac{W_m}{g}$$

$$m = 0.48\,kg\,.$$

Palanca tipo II

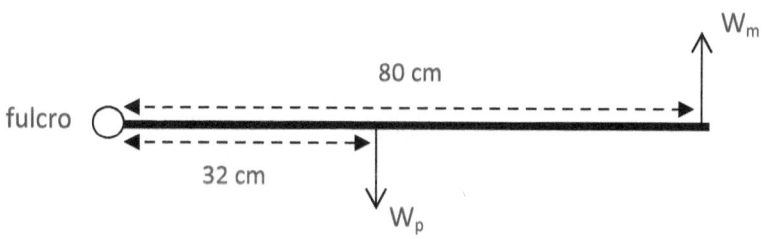

Figura 13

7. Una persona se encuentra de pie abriendo las piernas una distancia de 30 cm. Si el centro de gravedad se encuentra a 18 cm del pie izquierdo, calcula la fuerza normal ejercida por cada pie, esto es, calcula N_I y N_D. Considera que el peso de la persona es de 70 N.

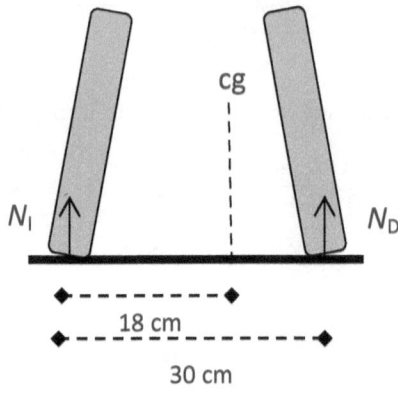

Figura 14

Solución

Este problema puede resolverse fácilmente si lo representamos como una palanca. Así, la *figura 15* representa este problema y donde además hemos elegido el fulcro en la pie izquierdo (punto de apoyo de N_I).

Así, el equilibrio en y nos da la condición:

$$N_D + N_I - W = 0 \, ,$$

de donde se sigue que

$$N_D + N_I = W$$

$$N_D + N_I = 70 \text{ N.}$$

El equilibrio en el torque (τ), con fulcro en N_I conlleva a que:

$$N_I x_I + N_D x_D - W x_w = 0 \, .$$

Despejando para N_D y sustituyendo,

$$N_D(30) = 70(18)$$

$$N_D = 42 \text{ N}.$$

Con este resultado y el del equilibrio en y podemos calcular la fuerza restante N_I, ya que

$$N_I = 70 - N_D$$

$$N_I = 28 \text{ N}.$$

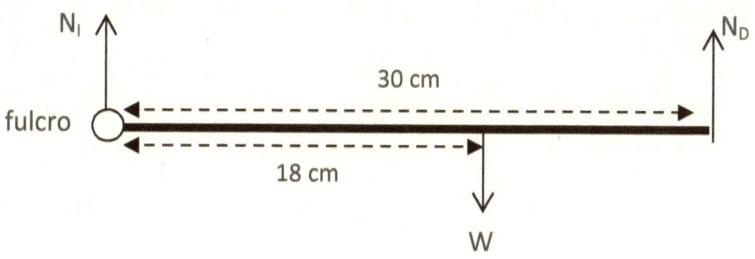

Figura 15

CUATRO. PREGUNTAS Y PROBLEMAS

Preguntas

i. Explica la importancia del esqueleto para el equilibrio y el movimiento del cuerpo.

ii. ¿Cuál es la importancia de los músculos de acuerdo al campo del estudio de la Biomecánica?

iii. Explica la importancia de las articulaciones desde un punto de vista biomecánico.

iv. ¿Por qué es importante el estudio de la fuerza muscular para la descripción del aparato locomotor humano?

v. Define qué es un transductor y explica por qué los músculos pueden considerarse como tales.

vi. ¿Qué describe el centro de gravedad?

vii. Investiga el método de la plomada para encontrar experimentalmente el centro de gravedad de un cuerpo irregular.

viii. ¿Bajo qué condiciones coinciden el centro de gravedad y el centro de masa?

ix. ¿Bajo qué condiciones coinciden el centro de gravedad y el centro geométrico?

x. Menciona y explica las condiciones necesarias para que un sistema de fuerzas se encuentre en equilibrio.

xi. Menciona y explica las condiciones necesarias para que un sistema de torques se encuentre en equilibrio.

xii. Define momento de torsión. ¿Tendrá algún equivalente en el caso lineal?

xiii. ¿Por qué las unidades del momento de torsión son unidades de energía?

xiv. Menciona en qué casos se cumple la condición de ortogonalidad.

xv. Explica y describe con ayuda de un diagrama las partes de una palanca.

xvi. Explica y describe con ayuda de un diagrama las fuerzas observadas en las palancas.

xvii. ¿Qué es el fulcro, cuáles son sus características y qué importancia tiene?

xviii. Explica la Ley de la palanca usando diagramas y ejemplos.

xix. Explica las clases de palanca usando diagramas y ejemplos.

xx. Investiga las principales funciones de la polea y del plano inclinado.

Problemas

A continuación se proponen algunos problemas con el objetivo de que el lector practique y aplique los conceptos y técnicas aquí descritas. Aquellos problemas marcados con un asterisco (*) exigen un esfuerzo extra por parte del lector, ya que para su solución es necesario extrapolar los conocimientos y técnicas de este texto para casos ligeramente más complicados.

1. Mediante dos cables (T_1 y T_2) se pretende colgar una carga con un peso igual a $W = 100$ N. Si la máxima tensión de T_1 es igual a 80 N y la de T_2 igual a 50 N, señala si es posible que el arreglo soporte la carga W (ver *figura 16*). Si no es posible indica la diferencia para que esto sea posible.

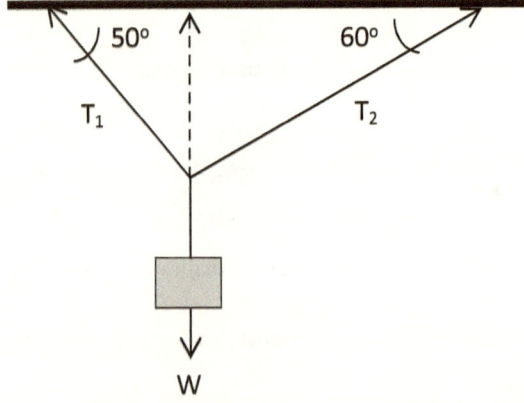

Figura 16

2. Calcula la máxima carga (W) que puede soportar el arreglo de la *figura 17*. Para ello considera que $T_1 = 300$ N y $T_2 = 200$N. Expresa tu resultado en términos de la masa de la carga.

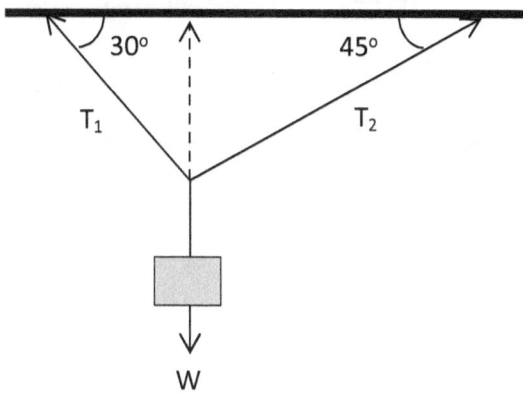

Figura 17

3. (*) Calcula las fuerzas F_A y F_B del arreglo de la *figura 18*, considerando que $W = 80$ N. (Nótese que en este caso necesitamos cumplir las condiciones de equilibrio tanto en dirección x como en dirección y).

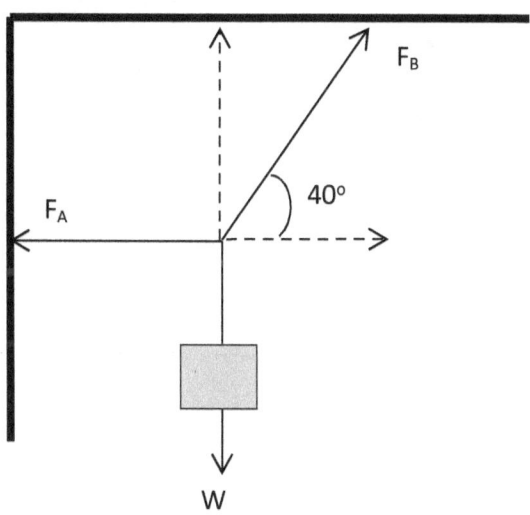

Figura 18

4. (*) Repita el problema anterior considerando el arreglo de la *figura 19* y que $W = 250$ N.

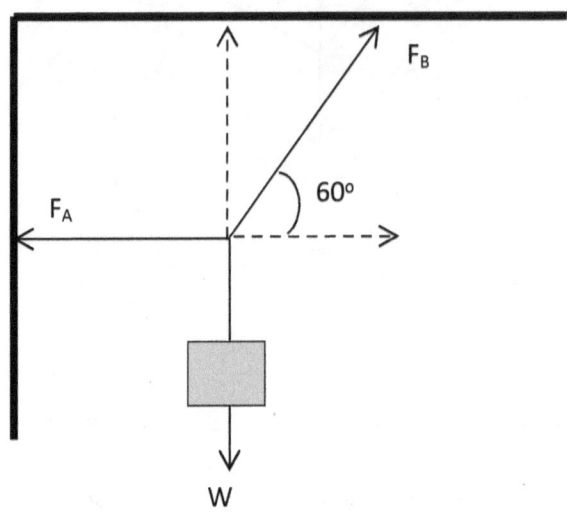

Figura 19

5. (*) En la *figura 20* se muestra un cuadro colgado por dos tramos de una misma cuerda. Calcula la tensión máxima para cada tramo si el peso del cuadro es igual con $W = 25$ N.

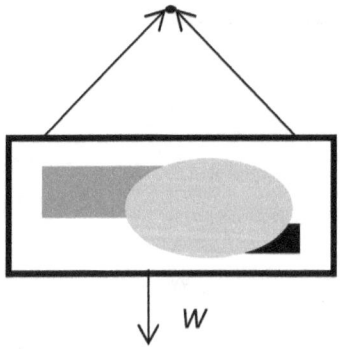

Figura 20

6. La siguiente figura representa un trampolín que cuenta con dos soportes de sostén, a saber F_A y F_B. Si el peso del trampolín es igual con $W_T = 200$ N, el peso de la primera persona $W_1 = 900$ N y el de la segunda persona $W_2 = 650$ N, calcula los valores necesarios para los soportes F_A y F_B. Compara tu resultado con el ejemplo 3 del capítulo *TRES* y discute cuál crees que sea la principal razón para la diferencia de resultados desde el punto de vista de la *Ley de la palanca*.

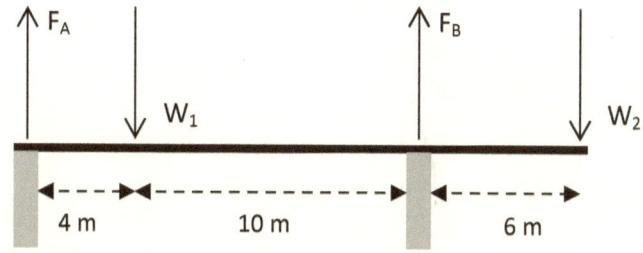

Figura 21

7. Calcula las fuerzas de sostén F_A y F_B para el arreglo de la siguiente figura, considerando que el peso del trampolín es igual con $W_T = 100$ N, el peso de la primera persona es igual con $W_1 = 600$ N y el de la segunda persona $W_2 = 400$ N.

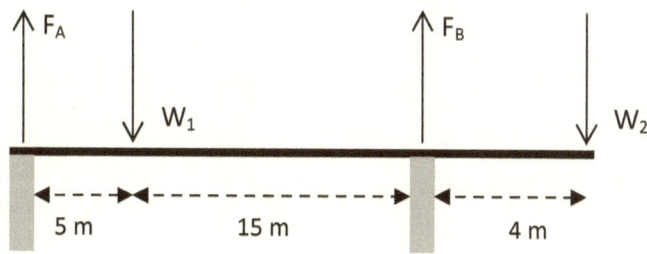

Figura 22

8. Calcula la fuerza de contacto (F_c) sobre la rótula debido a las tensiones T_1 y T_2 ejercidas por el tendón, tal y como se muestra en la siguiente figura. Para ello considera que $T_1 = 100$ N y $T_2 = 150$ N.

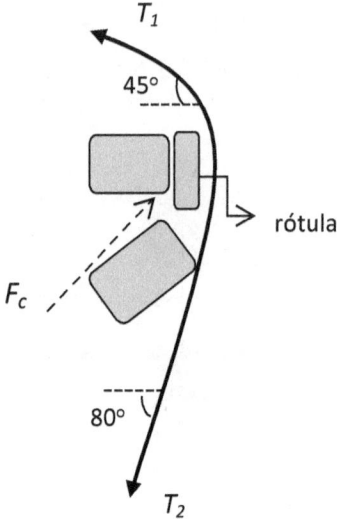

Figura 23

9. La *figura 24* muestra las tensiones T_1 y T_2 ejercidas por el tendón sobre la rótula. Si consideramos que $T_1 = 75$ N y $T_2 = 100$ N, calcula la fuerza de contacto (F_c) ejercida sobre la rótula.

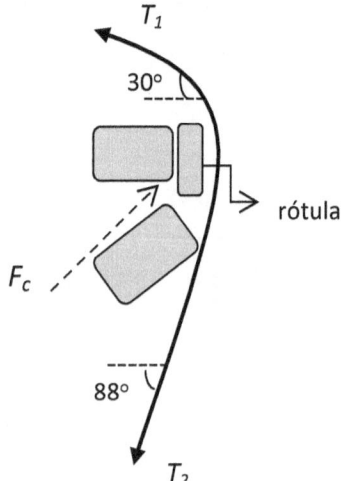

Figura 24

10. Calcula la fuerza de contacto (F_c) y la fuerza muscular (F_M) para el siguiente arreglo *bíceps-codo*, de acuerdo a la *figura 25*. Considera que la masa de la carga es igual con $m = 0.55$ kg y la del antebrazo $m_b = 0.30$ kg. Además indica de qué tipo de palanca se trata.

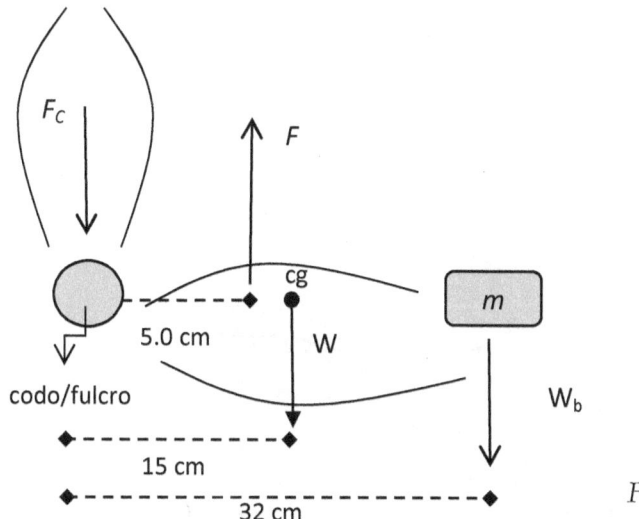

Figura 25

11. La siguiente figura muestra un arreglo *bíceps-codo* donde la masa de la carga es igual con $m = 1.20$ kg y la del antebrazo $m_b = 0.50$ kg. Calcula la fuerza de contacto (F_c) y la fuerza muscular (F_M) y señala qué tipo de palanca es.

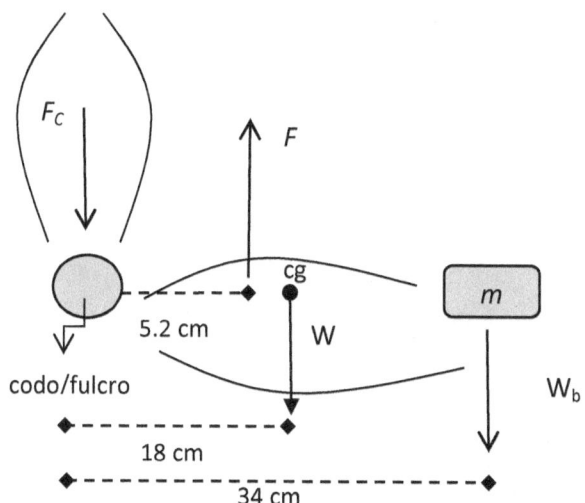

Figura 26

12. Calcula la fuerza de contacto (F_c) y la fuerza muscular (F_M) para el siguiente arreglo *tríceps-codo*, considerando la masa del antebrazo igual con $m_b = 0.30$ kg y la de la carga igual con $m = 0.55$ kg. Compara y discute tus resultados con los del ejercicio 10 (de este capítulo), e indica de qué tipo de palanca se trata.

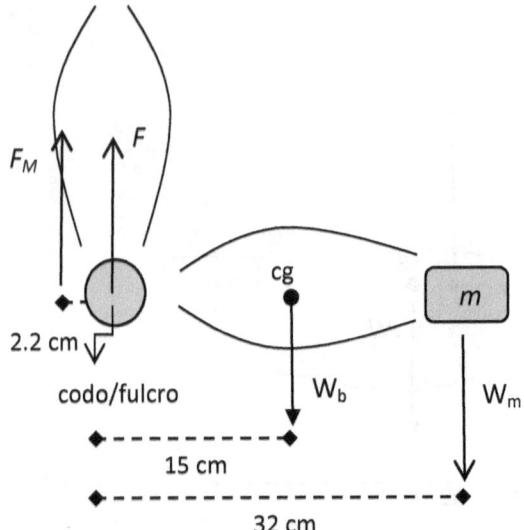

Figura 27

13. Para el siguiente arreglo *tríceps-codo* se tiene una masa del antebrazo igual con $m_b = 0.50$ kg y una carga igual con $m = 1.2$ kg. Calcula la fuerza de contacto (F_c) y la fuerza muscular (F_M). Compara y discute tus resultados con el del ejercicio 11 (de este capítulo), e indica que tipo de palanca se forma en este caso.

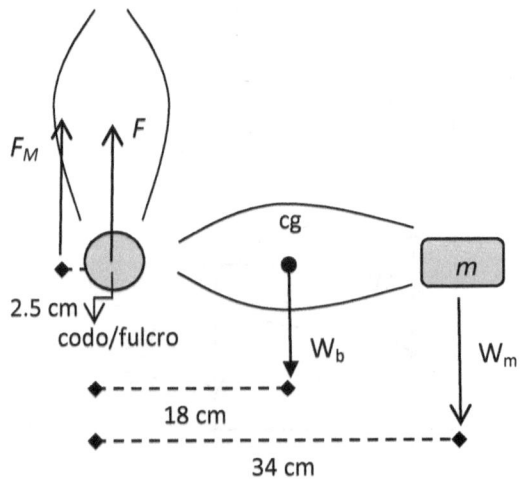

Figura 28

14. La siguiente figura muestra la pierna de un paciente que necesita mantenerse elevada por medio de dos poleas y una plomada de masa *m*. Si la masa de la pierna es de 1.2 kg, calcula la masa necesaria para mantener la pierna elevada tal y como se pretende. ¿Qué clase de palanca es?

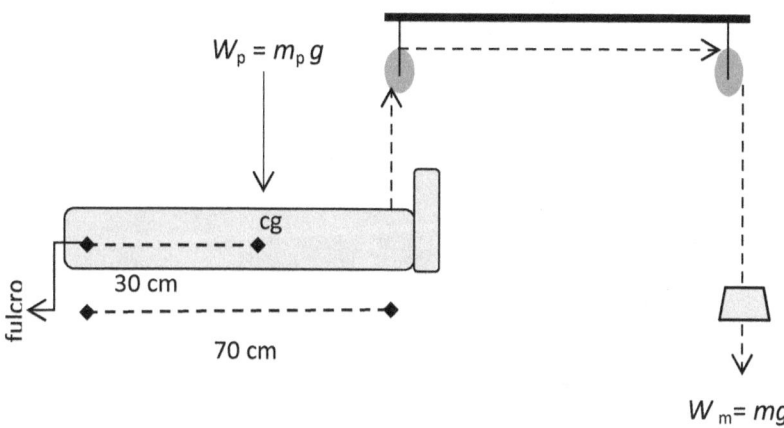

Figura 29

15. Repite el problema anterior para el caso de una pierna con masa igual a $m_p = 2.2$ kg y las dimensiones de la *figura 30*.

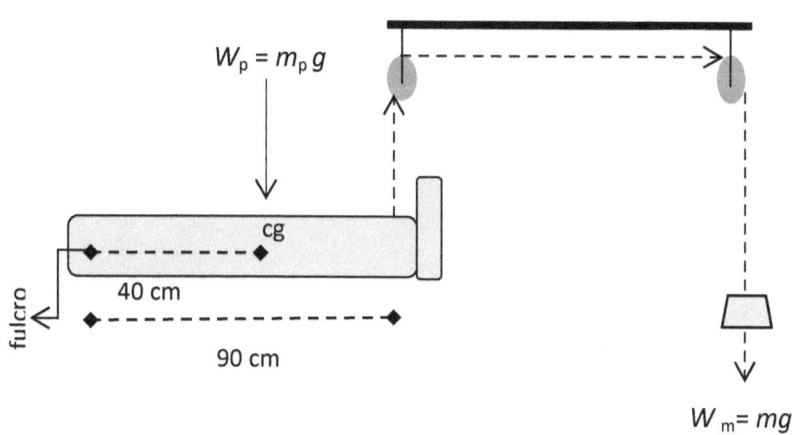

Figura 30

16. Calcula la fuerza normal ejercida por cada pie, esto es N_I y N_D, si la separación entre ambos pies es de 40 cm y el centro de gravedad se encuentra a 15cm del pie izquierdo. Considera que el peso de la persona es de 80 N.

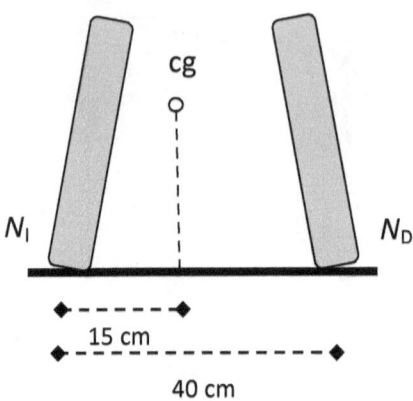

Figura 31

17. Una persona se encuentra de pie con una abertura entre pies de 36 cm. Si el centro de gravedad se encuentra a 14 cm del pie derecho, calcula la fuerza normal ejercida por cada pie (N_I y N_D). Considera que el peso de la persona es de 100 N.

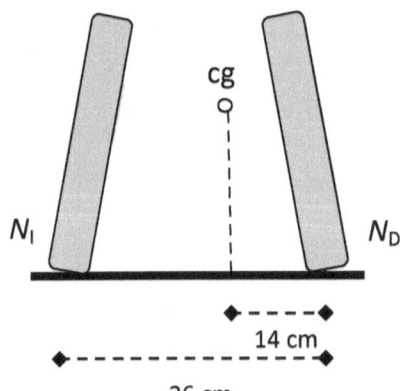

Figura 32

18. (*) Calcula la fuerza muscular F_M y la fuerza de contacto F_c ejercidas por el músculo deltoides necesarias para mantener el brazo extendido. Para ello considera que la masa del brazo es igual con $m_b = 0.45$ kg; que el hombro actúa como fulcro; que el punto de inserción del músculo deltoides se encuentra a 12 cm del hombro, formando un ángulo de 15^0 ; y que el centro de gravedad se sitúa a 24 cm, también desde el hombro. ¿Qué tipo de palanca es? (Ver *figura 33* para la información restante.)

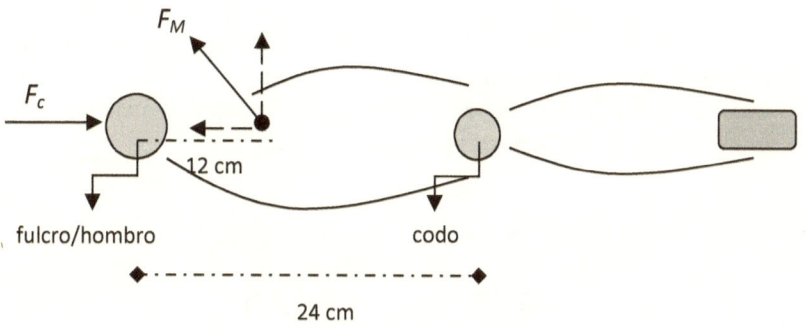

Figura 33

19. (*) Repite el problema anterior considerando los valores de la *figura 34* y que en la palma de la mano se sostiene una carga igual con $m = 1.5$ kg. Supón que la longitud del brazo es de 70 cm y que el ángulo formado por F_M es igual con 12^0. ¿Qué tipo de palanca es?

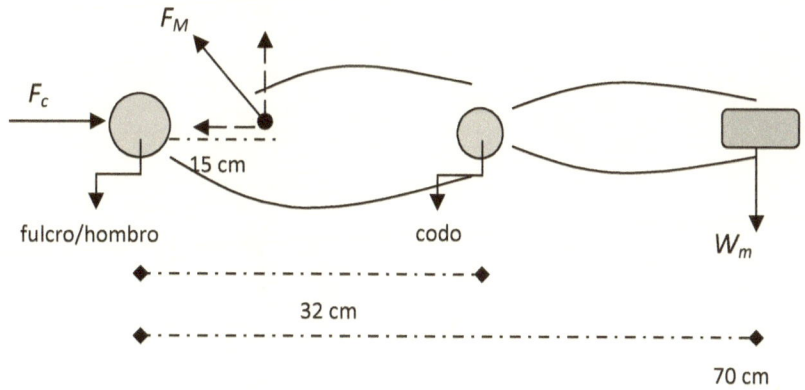

Figura 34

20. (*) A continuación se propone la siguiente actividad de clase. Sienta un compañero en una silla de tal manera que su espalda este totalmente recta y las plantas de los pies se encuentren completamente apoyadas en el suelo. A este compañero le vas a pedir que se levante de la silla, mientras otro voluntario intentará impedírselo ejerciendo una fuerza de oposición con un solo brazo. En un primer intento le vas a pedir al compañero de pie que apoye su brazo (totalmente extendido) sobre el área del estómago, mientras el compañero en la silla intenta levantarse; en un segundo intento le vas a pedir que apoye su brazo sobre el área del pecho; y finalmente le pedirás que apoye su brazo sobre la frente. Compara tus resultados y obtén tus conclusiones a la luz de lo que sabes de palancas y del centro de gravedad. Se sugiere que la diferencia de pesos entre el compañero de pie y el sentado sea considerable para que se magnifiquen los resultados, y que esta actividad se repita intercambiando los lugares entre ambos voluntarios.

CINCO. FORMULARIO

PESO

$$W = mg$$

MOMENTO DE TORSIÓN

$$\tau = F \cdot d$$

LEY DE LA PALANCA

$$\tau_p = \tau_w$$

EQUILIBRIO DE FUERZAS

$$\sum_{i=1}^{N} F_i = F_1 + F_2 + \cdots + F_N = 0$$

EQUILIBRIO ROTACIONAL

$$\sum_{i=1}^{N} \tau_i = \tau_1 + \tau_2 + \cdots + \tau_N = 0$$

FUNCIONES TRIGONOMÉTRICAS

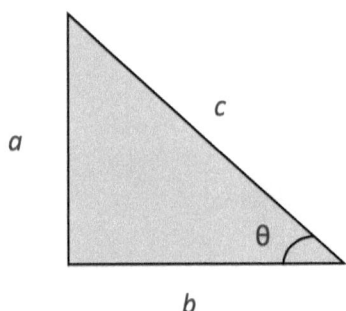

$$sin\theta = \frac{a}{c} \quad cos\theta = \frac{b}{c} \quad tan\theta = \frac{a}{b}$$

$$a^2 + b^2 = c^2$$

BIBLIOGRAFÍA

❖ McCall, R.P. *Physics of the human body*; ed. Johns Hopkins University Press (2010)

❖ Nordin, P.T.; Frankel, V.H. *Biomecánica básica del sistema musculo-esquelético*; ed. McGraw Hill, tercera edición (2004)

❖ Ohanian P. *Physics*; ed. McGraw Hill, tercera edición (1993)

❖ Tippens P.E. *Física*; ed. McGraw Hill, séptima edición (2011)

ACERCA DE LOS AUTORES

Nacido en el Distrito Federal el maestro Karl M. García Ruiz se graduó como Químico Farmacobiólogo en la Facultad de Química de la UNAM, donde también realizó sus estudios de posgrado en Fisicoquímica. Se especializó en *Sistemas dinámicos y estocásticos* bajo la tutoría del doctor Ramón Peralta y Fabi de la Facultad de Ciencias, UNAM, y del Dr. Rashmi Desai de la Universidad de Toronto, Canadá. El maestro ha impartido más de 150 cursos a nivel licenciatura y posgrado en diversas áreas como física, química, fisicoquímica, bioquímica, biomecánica en más de 20 años de carrera docente. Actualmente el maestro imparte las materias de *Física y Bioquímica aplicadas a la fisioterapia* en el Instituto IPETH, campus Ciudad de México.

La fisioterapeuta Dayana E. Montes de Oca es originaria de Caracas, Venezuela. Obtuvo su título por parte de la Universidad Central de Venezuela, para posteriormente estudiar varios diplomados en la misma institución como parte de su especialización. Su experiencia laboral abarca más de doce años en distintas áreas como pediatría, fisioterapia estética, fisioterapia deportiva, docencia, entre otras. Actualmente la maestra radica en la Ciudad de México, donde es docente de tiempo completo en el Instituto IPETH, campus Ciudad de México.

www.ingramcontent.com/pod-product-compliance
Lightning Source LLC
Chambersburg PA
CBHW021047180526
45163CB00005B/2322